REPORTS FROM

THE BOTANICAL INSTITUTE, UNIVERSITY OF AARHUS

No. 12

Comparación entre la Vegetación de los Páramos y el

Cinturón Afroalpino

por

P. Mena   y   H. Balslev

1986

Contribution No. 68 from the AAU-Ecuador Project

Botanisk Institut
Aarhus Universitet

ISBN 87-87600-15-3
ISSN 0105-4236

CONTENIDO

PREFACIO

La presente publicación es uno de los resultados de la colaboración contínua entre botánicos ecuatorianos y daneses, algo que empezó en 1968 cuando se llevó a cabo la primera expedición danesa al Ecuador. Durante muchas expediciones los botánicos daneses hemos disfrutado de la hospitalidad del pueblo ecuatoriano y de sus instituciones científicas (Holm-Nielsen, 1984). Especialmente merece nuestra gratitud la acogida brindada por los colegas del Departamento de Biología de la Pontificia Universidad Católica del Ecuador en Quito. Desde el año de 1979 la colaboración se ha expresado a través de la residencia de un botánico danés en Quito, el cual ha trabajado en el Departamento de Biología, tanto en el manejo del herbario como en la enseñanza de la botánica. Una parte de esta enseñanza consiste en asesorar a los estudiantes del Departamento en sus trabajos de investigación sobre la flora y la vegetación del Ecuador.

El Lcdo. Patricio Mena V. empezó su trabajo de tesis sobre los páramos ecuatorianos bajo la dirección del Dr. Henrik Balslev, quien permaneció en Quito desde 1981 hasta 1984. La colaboración entre los científicos de la PUCE y Aarhus, en cuanto al estudio de los páramos (Balslev et al., 1985), se ha visto siempre inspirada por el Dr. Tjitte de Vries, PUCE. Me alegro mucho de ver que uno de los resultados de nuestra buena colaboración salga ahora publicado.

Dr. Lauritz B. Holm-Nielsen

Instituto Botánico
Universidad de Aarhus

AGRADECIMIENTOS

Queremos agradecer a todas las personas que colaboraron de alguna manera para la realización de este trabajo, especialmente a la Dra. Laura Arcos Terán y al Dr. Tjitte de Vries en el Departamento de Biología de la Pontificia Universidad Católica del Ecuador. Nicolás Dávalos colaboró brindando alojamiento cercano al área de estudio. Varios amigos y compañeros del Departamento, especialmente Fernando Larrea y Luis Suárez, ayudaron en el trabajo de campo. Nuestros colegas y compañeros del Herbario QCA facilitaron la tarea de procesamiento e identificación de las muestras. Mención especial para los varios taxonomistas que identificaron una buena parte del material. Patricio Mena desea agradecer al Arq. Patricio Mena D. y a la Sra. Susana V. de Mena por todo el apoyo.

I INTRODUCCION

Sobre la Tierra existen áreas que pueden estar muy alejadas geográficamente, áreas entre las cuales no ha habido contacto biológico durante mucho tiempo y que, sin embargo, presentan un paisaje similar. Esta similitud puede ser a veces muy sorprendente. Si examinamos las especies vegetales en dos áreas que presentan este fenómeno, nos podremos dar cuenta de que las plantas parecidas de uno y otro lugar no pertenecen a las mismas especies, a pesar de que a simple vista puedan parecer casi idénticas. Al estudiar las floras de estas áreas nos percataremos de que sus respectivos ancestros pueden ser muy distintos. Posiblemente los ancestros de una de las floras actuales son muy diferentes a los ancestros de la otra flora actual.

El hecho de que floras desarrolladas sobre una base de ancestros diferentes presenten una fisonomía semejante no es un producto del puro azar. A través del tiempo las plantas se han enfrentado a las condiciones evolutivas que el medio ha presentado. Se puede decir que unas plantas han escogido una estrategia, y otras plantas han escogido otra, pero en cualquier caso ha habido un lento proceso de evolución que ha ido dando forma a la vegetación. De lo anterior se puede inferir que en las dos áreas las plantas se han enfrentado a condiciones ambientales semejantes.

Si se determina que una tendencia evolutiva es más exitosa que otras en determinado ambiente, la disposición genética diferencial es algo que impide que todas las plantas adopten esa tendencia. Por un lado se desarrollará un grupo de plantas que, habiendo sido capaz de adoptar la tendencia más exitosa, se convertirá en la vegetación dominante. Y por otro lado habrá una serie de plantas que, al haber adoptado otras tendencias menos exitosas, sobrevivirán sin ser dominantes.

Cuando se logra determinar que dos áreas cuyas plantas no pertenecen a las mismas especies poseen una fisonomía similar debida a que la vegetación ha tenido que adaptarse en ambas áreas a presiones evolutivas semejantes, se habla de un fenómeno de Evolución Convergente.

Por tanto, para determinar la presencia de un fenómeno de esta naturaleza entre dos áreas es necesario comparar tres características:

En primer lugar se deben comparar las condiciones ambientales.

En segundo lugar se deben comparar las adaptaciones de las plantas.

Y en tercer lugar se debe comparar la composición florística de las dos áreas.

En los dos primeros casos, las dos áreas deben ser similares. En el tercero, diferentes. Es más difícil determinar la correspondencia entre las adaptaciones de las plantas de dos áreas, que determinar las coincidencias ambientales y florísticas. Una forma efectiva de establecer esta correspondencia entre dos áreas es comparar las formas de vida de sus plantas. Esta comparación puede hacerse a dos niveles. El primero es puramente cualitativo, es decir, la comparación se hace estableciendo cuales formas de vida están en una y otra área. El segundo nivel es además cuantitativo y nos permite saber más efectivamente el grado de convergencia evolutiva: a más de saber cuales son las formas de vida, sabemos también cual es la más exitosa. Para saber cual forma de vida es más exitosa, se toma en cuenta el porcentaje de cobertura que representan las especies de determinada forma de vida. Dos áreas pueden poseer las mismas formas de vida, pero éstas pueden presentar coberturas muy diferentes en uno y otro lugar. Si solo conocemos cuales son las formas de vida, y si éstas coinciden en una y otra área, se puede crear la impresión de una convergencia muy cercana. Esta impresión puede verse corroborada o descartada con un estudio comparativo de la cobertura.

En un primer momento no resulta fácil imaginarse que entre el páramo sudamericano y algún lugar del Africa pueda existir un fenómeno como el que hemos estado tratando. Pero si se analiza el asunto, un proceso de este tipo se presenta factible entre los páramos sudamericanos y las alturas de las montañas de Africa tropical oriental.

Las personas que han visitado ambos sitios pueden dar fe del extraordinario parecido que se presenta. La vegetación de ambos lugares es sorprendentemente similar, siendo esto particularmente cierto para los páramos del norte de Sudamérica, donde una de las plantas más típicas, el frailejón (*Espeletia* spp.) tiene una apariencia prácticamente idéntica a una planta muy propia de las alturas esteafricanas (*Senecio keniodendron*). Y se pueden encontrar muchas otras parejas de plantas muy parecidas. El páramo de El Angel, situado en la provincia del Carchi, en el extremo Norte del Ecuador, presenta la condición especial de ser el páramo más sureño, con excepción de los Llanganates, que posee frailejones. Es allí donde se ha realizado el trabajo que se presenta en las siguientes páginas.

La altura equivalente al páramo en las montañas esteafricanas se conoce como Cinturón Afroalpino, y ha sido extensivamente estudiado por el botánico sueco Olov Hedberg. Entre sus trabajos se cuentan los que tratan sobre las plantas vasculares del Cinturón Afroalpino. Los que tratan sobre las formas de vida de las plantas vasculares del Cinturón Afroalpino son de especial interés para el presente estudio. Hedberg visitó cortamente el páramo venezolano (Hedberg & Hedberg, 1979), pero esta corta estancia fue suficiente para permitirle percatarse de la profunda semejanza entre los dos ecosistemas.

Hedberg considera cinco formas de vida propias del Cinturón Afroalpino. Cada forma de vida responde a adaptaciones que les sirven a las plantas para enfrentarse a un medio donde ciertas condicionantes ambientales se presentan con gran intensidad.

Las semejanzas climáticas y geográficas entre las áreas en consideración se pueden apreciar rápidamente al observar un mapa (Fig. 1). Es fácil percatarse de que la latitud es prácticamente la misma, muy cercana a la línea ecuatorial, situando a ambos ecosistemas en pleno centro de la región tropical. Por otro lado, la altitud también es muy similar. Tanto los páramos como el Cinturón Afroalpino (Hedberg, 1952), se encuentran aproximadamente entre 3500 y 5000 m. Otras condiciones macro y microclimáticas se corresponden así mismo muy de cerca.

Teniendo en claro que las condiciones ambientales de los dos ecosistemas son muy similares, el presente trabajo pretende determinar la convergencia evolutiva existente entre las dos floras mediante la comparación de sus formas de vida. La comparación de la cobertura de las

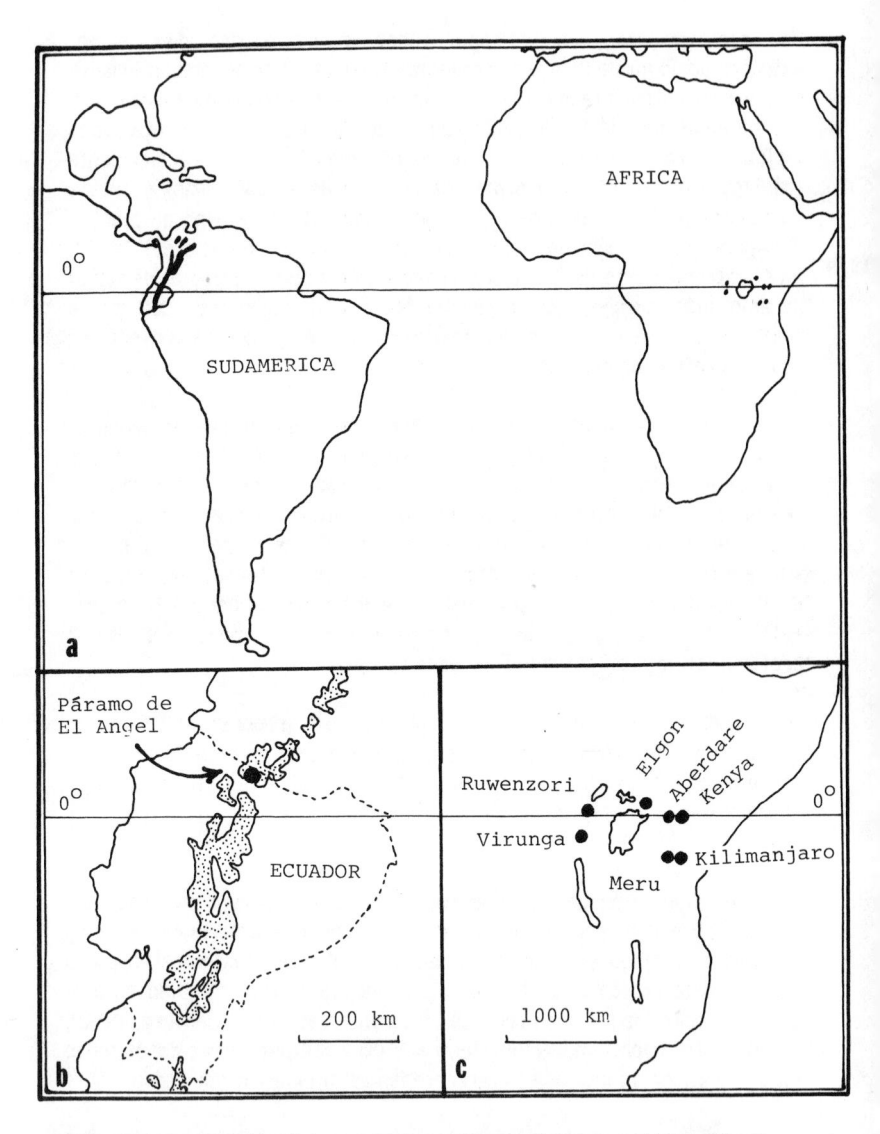

Fig. 1: a) Mapa de Sudamérica y Africa que muestra respectivamente la localización de los páramos y las montañas esteafricanas. **b)** Mapa del Ecuador con la situación aproximada de la hectárea de estudio en el páramo de El Angel. **c)** Mapa del Africa tropical oriental con sus principales montañas.

diversas formas de vida en uno y otro lugar y la comparación taxonómica permiten obtener datos para apoyar o refutar la hipótesis de una evolución convergente intercontinental. Hedberg no presenta tablas de porcentaje de cobertura, pero explica claramente que las formas de vida establecidas por él forman inobjetablemente la vegetación dominante, y que las plantas que no entran en estas formas de vida, a pesar de que forman el 55% del total de especies, no presentan adaptaciones conspícuas y no forman parte de la vegetación dominante. Según Hedberg, agrupar todas estas plantas en una forma de vida aparte solo serviría para nublar el cuadro ecológico pintado por las cinco categorías establecidas por él (Hedberg, 1964).

El objetivo de este estudio es encontrar datos que permitan apoyar o refutar la hipótesis de una evolución convergente entre los páramos sudamericanos y el Cinturón Afroalpino, basándose en una comparación de las formas de vida de una hectárea representativa del páramo de El Angel frente al Cinturón Afroalpino en general. Esta comparación se llevará a cabo agrupando las plantas de la hectárea dentro de las categorías de Hedberg hasta donde sea posible, midiendo la cobertura vegetal de éstas para determinar la dominancia, y realizando un inventario taxonómico para comparar la composición taxonómica de las dos floras.

2 LUGARES DE INVESTIGACION

El páramo de El Angel (Fig. 2): La altura de la pequeña ciudad de El Angel es similar a la de Quito (2800 m), sin embargo el clima es generalmente más frío, y una garúa intermitente se hace presente todos los días. El paisaje es el típico de una zona interandina donde los cultivos y el pastoreo han cambiado drásticamente la vegetación original. Unas pocas plantas de las quebradas dan una ligera idea de la vegetación preagrícola. Hoy día, las plantaciones de papa y maíz y los potreros dominan prácticamente todo lo que alcanza la vista.

Sin embargo, mientras se va subiendo hacia las alturas circundantes, como al páramo de El Voladero hacia el norte de El Angel, la vegetación agrícola va dando paso a los pajonales con frailejones *Espeletia pycnophylla,* en un principio esparcidos sueltamente y poco a poco más densos, hasta que llega un momento en que a la distancia parecen ser las únicas plantas existentes. Los primeros frailejones pueden verse aproximadamente a los 3500 m y a los 3750 m ya son las plantas más conspícuas del paisaje, ofreciendo una vista espectacular.

En una colina de este páramo se encuentran las lagunas de El Voladero. La cima de esta colina está a 3900 m y desde ella hacia el norte se pueden ver las lagunas, unos 100 m más abajo. En este punto la temperatura ha descendido considerablemente con respecto a la de la población de El Angel. El Sol aparece esporádicamente porque hay una espesa neblina constantemente. Cuando el Sol pega directo, en horas cercanas al mediodía, puede llegar a ser bastante ardiente. Cuando deja de soplar el viento se puede sentir bastante calor.

Precisamente a orillas de la laguna sur de El Voladero se encuentra la primera estaca delimitatoria de la hectárea de estudio. Las coordenadas aproximadas de la hectárea son 0° 37' N; 78° 26' O. Desde la cima de

Fig. 2: Aspecto general del páramo de El Angel, con *Espeletia pycnophylla* y *Calamagrostis intermedia* como elementos más conspícuos (Foto: Lauritz B. Holm-Nielsen).

la mencionada colina y mirando hacia las lagunas en el norte, se pueden distinguir cinco zonas: el agua, las orillas de la laguna, el pajonal fuertemente disturbado, el pajonal poco disturbado y la zona escarpada de matorral denso.

Dentro del agua no se encontraron plantas vasculares, excepto una especie de *Isoëtes*, y algunas algas, probablemente clorofíceas. La vegetación de las orillas no presentó características especiales en cuanto a vegetación como para constituir una zona aparte para los objetivos de este estudio. Se forman pequeños acantilados en los cuales crecen mayormente musgos.

Sin los frailejones, el pajonal no sería distinto a cualquier otro. Pero estas plantas le confieren al paisaje un aspecto inconfundible. Siendo ésta una región muy atractiva, es visitada con cierta frecuencia por turistas, pescadores y cazadores, y se mantiene un pequeño camino que baja hacia las lagunas. La vegetación cercana al camino está muy disturbada, lo que se nota por la escasa talla de los frailejones, por la poca densidad de éstos frente a lo que sucede en áreas alejadas del camino, y por la presencia de una planta pionera, *Cortaderia nitida*, que se encuentra escasamente en partes menos alteradas. Por razones de facilidad de movilización, la zona más disturbada coincide con la zona menos escarpada. Los frailejones parecen ser las plantas más fáciles de derrumbar y las más utilizadas para fogatas. Esto hace que su población se vea bastante afectada por incursiones humanas. En realidad, es tan fácil derrumbar un frailejón que no se puede confiar en ellos como soportes para trepar.

En la parte suroriental de la hectárea de estudio, los frailejones alcanzan tallas de hasta 4 m, y fuera de la hectárea hay ejemplares de hasta 6 m. Si los frailejones crecen al mismo ritmo que *Senecio keniodendron* (Hedberg, 1969), los frailejones más altos deben tener por lo menos 250 años de edad.

La especie graminícola más importante es *Calamagrostis intermedia*, acompañada por *Agrostis tolucensis* y la ya nombrada *Cortaderia nitida*, además de dos especies de Cyperaceae y una de Juncaceae. Las almohadillas, típicas de otros páramos no están bien representadas en éste.

Hay varias especies de helechos que crecen en lugares húmedos y sombríos. Se encuentran varias especies de *Elaphoglossum* y de *Jamesonia*. El más notable es *Blechnum loxense*, que crece formando poblaciones pequeñas.

Los arbustos se encuentran muy dispersos en el pajonal, pero su densidad es alta en las zonas más escarpadas, donde claramente constituyen la vegetación dominante. En su mayoría estos arbustos no exceden los dos metros de altura. Pertenecen a varias familias, entre ellas Asteraceae, Berberidaceae, Ericaceae, Hypericaceae y Melastomataceae. Ingresar a estos parches de matorral en las pendientes pronunciadas resulta casi imposible, no solo por lo escarpado del terreno, sino porque las ramas de estos arbustos forman una red sumamente tupida.

Esparcida entre el pajonal y los arbustos se encuentra una serie de herbáceas de las familias Caryophyllaceae, Rubiaceae y Scrophulariaceae especialmente.

En cuanto a animales, se han observado directamente insectos coleópteros, ortópteros, lepidópteros y dípteros. Una ave frecuentemente observada es el curiquingue *Phalcoboenus carunculatus*. A veces se tiene la suerte de ver cóndores *Vultur gryphus*. Además hay una serie de pequeños Passeriformes y Charadriiformes, entre otros, que anidan entre los arbustos. No se han observado directamente ni anfibios, ni reptiles. El conejo de páramo *Sylvilagus brasiliensis* es bastante común. Según la gente del lugar, muy pocas veces las lagunas son visitadas por pumas *Felis concolor*, venados *Odocoileus virginianus* y osos de anteojos *Tremarctos ornatus*.

El clima muestra una estacionalidad diaria, con temperaturas bajas cada noche y relativamente altas cada día (Fig. 3).

TEMPERATURA

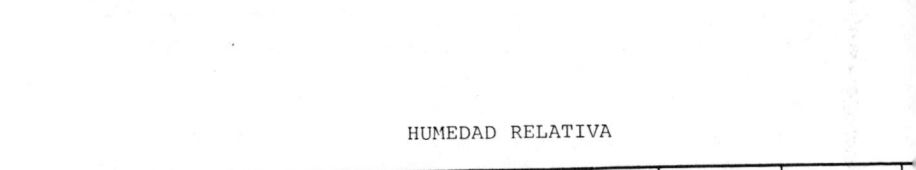

HUMEDAD RELATIVA

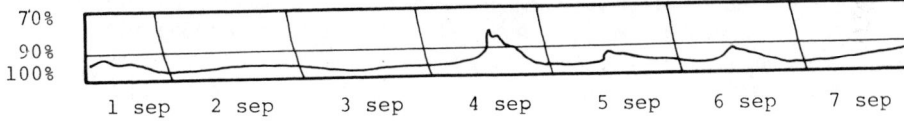

Fig. 3: Mediciones de temperatura y humedad durante una semana en la hectárea de estudio en el páramo de El Angel. Se aprecia la estacionalidad diaria, con cambios drásticos de temperatura entre el día y la noche.

El Cinturón Afroalpino: El Cinturón Afroalpino es uno de los tres cinturones altitudinales considerados por Hedberg en sus estudios de la flora de las montañas esteafricanas (Hedberg, 1952). Sobre las planicies del Africa Oriental, que se encuentran aproximadamente entre los 1000 y 2000 m, se elevan varias montañas aisladas dispuestas a lo largo de dos grandes valles que atraviezan de norte a sur. Estas montañas, en su mayoría de origen volcánico, oscilan entre 3800 y 6000 m y son: los vol - canes Virunga, el Ruwenzori, el Elgon, el Aberdare, el Monte Kenya, el Kilimanjaro y el Monte Meru.

La vegetación de estas montañas difiere mucho de la de las planicies circundantes y exhibe una marcada zonación altitudinal. El Cinturón Afroalpino es el más elevado y se encuentra sobre el Cinturón Ericáceo, el que a su vez se encuentra sobre el Cinturón Selvático Montano. El límite inferior del Cinturón Afroalpino oscila entre aproximadamente 3500 y 4100 m, y el superior se encuentra más o menos a 5000 m. Las condiciones ambientales presentes son muy particulares y muestran una estacionalidad diaria en vez de anual ("Verano todos los Días e Invierno todas las Noches"), bajas temperaturas, baja presión y alta irradiación solar. La vegetación presente también es muy peculiar, caracterizada por los *Senecio* y *Lobelia* gigantes, por las *Alchemilla* arbustivas, y por otras plantas con formas de vida especiales para este medio.

Todas estas montañas se hallan entre latitudes 2°N y 4°S y el caracter climático está básicamente determinado por la cercanía a la línea ecuatorial y por la gran altura sobre el nivel del mar. Esto permite que el clima general de todas estas montañas sea semejante, lo que a su vez permite una zonación que abarque a todas ellas.

3 MATERIALES Y METODOS

Determinación y Delimitación del área de estudio: Tras haber observado las cinco zonas descritas en el capítulo anterior, se decidió tomar en cuenta solamente tres de ellas: el pajonal poco disturbado, el pajonal muy disturbado y el matorral escarpado. Se predeterminó que el área debía tener una superficie de una hectárea y que debía contener estas tres asociaciones conspícuas. Resultó preferible hacerla rectangular, de 50 x 200 m, debido a la topogafía del terreno. Las esquinas se marcaron con estacas de madera pintadas.

Inventario Taxonómico: Se trató de tomar muestras de todas las plantas vasculares dentro de la hectárea. Se buscaron muestras que tuvieran flores y/o frutos para facilitar la identificación correcta. En el caso de no haber habido buenos ejemplares dentro de la hectárea, se buscaron especímenes en las inmediaciones de la misma. Lo mismo se hizo en el caso de especies muy escasas dentro de la hectárea. Tras el secado se procedió a montar en cartulina un ejemplar, guardando otro para ser enviado a un especialista para su identificación. Tanto las muestras en cartulina como los duplicados fueron debidamente etiquetados.

La identificación se llevó a cabo observando las muestras presentes en el herbario QCA y consultando bibliografía especializada. Muchas de las muestras fueron identificadas por los respectivos especialistas.

La clasificación usada en este trabajo es, para las angiospermas, la presentada por Cronquist (1981), y para las pteridofitas la presentada por Tryon & Tryon (1982).

Colocación en Grupos de acuerdo con la Forma de Vida:

Con el inventario taxonómico listo, y teniendo como base las formas de vida propuestas por Hedberg, se procedió a agrupar las plantas del inventario. Se observó con detenimiento cada característica de diagnóstico. Para colocar una planta dentro de determinada forma de vida se siguió una lista de las características de las formas de vida y se comparó con las características presentes en la planta.

Medición del Porcentaje de Cobertura: Tras haber determinado las formas de vida de las plantas colectadas, se procedió a medir el porcentaje de cobertura de cada una de estas formas, y también el de las plantas que no caen en ninguna de ellas. Además se estimó el porcentaje de cobertura individual de algunas especies. Se establecieron cuadrantes de 10 x 10 m en cada una de las tres zonas mencionadas y se midió la cobertura en estos cuadrantes de 100 m ^{2}.

El área que debe medirse corresponde al área de la sombra proyectada por la planta cuando el Sol se encuentra en el cénit. Se utiliza la fórmula $A(0) = \pi r^2$ (área de un círculo es igual a pi por radio al cuadrado). Las plantas con follaje denso y cercano a la superficie no presentan mayor problema. Se toman los diámetros mayor y menor de la sombra, se saca el promedio, y la mitad de éste se usa en la fórmula. En plantas donde la parte más ancha está muy por sobre el suelo y/o que presentan un follaje muy suelto, se deben soltar piolas para poder trazar en el suelo una proyección del follaje y poder hacer la medición de la forma indicada. En plantas con estructura muy delgada, se hace una aproximación de la cobertura observándolas desde arriba. Afortunadamente todas las plantas de este tipo son de talla menor.

Hay que anotar que el área cubierta por las plantas resulta mayor que el área real del suelo donde éstas crecen. Hay sitios del suelo cubiertos por plantas en diferentes estratos. Por ejemplo, en un sitio puede hallarse una almohadilla de cuyo centro nace un pequeño arbusto, que a su vez cae dentro de la sombra de un arbusto mayor adyacente. Para hacer los cálculos de cobertura, el total de superficie corresponde a la superficie cubierta por todas las plantas y no a la superficie del suelo solamente.

Cálculo de Cobertura de Especies Individuales: Se midieron las coberturas de las especies más conspícuas aprovechando los datos obtenidos según el método explicado en el punto anterior. Para la clasificación se usó la escala de Braun-Blanquet (1979):

```
5.........................................................75 a 100 %
4.........................................................50 a  75 %
3.........................................................25 a  50 %
2.........................................................10 a  25 %
1........................................................... 1 a  10 %
+.........................................................Hasta 1 %
r........................................................esporádicamente.
```

El trabajo de campo se realizó durante los meses de agosto, setiembre y octubre de 1983. Los resultados fueron presentados en forma de una tesis para la obtención del título de Licenciado en Ciencias Biológicas, en abril de 1984 por uno de los autores (Mena, 1984).

4 RESULTADOS Y DISCUSION

I Inventario Taxonómico del Páramo de El Angel: La siguiente es una lista alfabética de las familias y especies de plantas colectadas en la hectárea del páramo de El Angel. Primero están las pteridofitas, luego las dicotiledóneas y por último las monocotiledóneas. Consta también el número de colección de las muestras que reposan en el herbario QCA de la Pontificia Universidad Católica del Ecuador, en Quito.

PTERIDOFITAS

FAMILIA	GENERO, ESPECIE Y AUTOR	P. MENA Nº
BLECHNACEAE	_Blechnum loxense_ Humb., Bonpl. & Kunth	022
DRYOPTERIDACEAE	_Elaphoglossum_ cf. _piloselloides_ (Presl) Moore	050
	Elaphoglossum sp. 1	198
	Elaphoglossum sp. 2	199
	Elaphoglossum sp. 3	200
ISOETACEAE	_Isoëtes_ sp.	215
PTERIDACEAE	_Jamesonia pulchra_ Hook. & Grev.	025

DICOTILEDONEAS

APIACEAE	_Azorella aretioides_ (Sprengel) DC.	095
	Niphogeton dissecta (Benth.) Macbr.	026

SIGUE

FAMILIA	GENERO, ESPECIE Y AUTOR	P. MENA Nº
ASTERACEAE	*Ageratina azangaroensis* (Sch. Bip. ex Wedd.) King	077
	Baccharis arbutifolia(Lam.) Vahl.	191
	Baccharis buxifolia(Lam.) Pers.	069
	Baccharis polyantha Humb. , Bonpl. & Kunth	087
	Baccharis tricuneata (L. f.) Pers.	185
	Baccharis sp.	172
	Espeletia pycnophylla Cuatrec.	005
	Eupatorium sp.	065
	Gnaphalium antennarioides DC.	084
	Gynoxis cf. *buxifolia* (Humb., Bonpl. & Kunth) Cass.	019
	Gynoxis sp.	028
	Hieracium frigidum Humb., Bonpl. & Kunth	053
	Hypochoeris sonchoides Humb., Bonpl. & Kunth	040
	Loricaria thuyoides (Lam.) Sch. Bip.	091
	Munnozia jussieui (Cass.) R. & B.	056
	Oritrophium peruvianum (Lam.) Cuatrec.	094
	Pentacalia peruviana (Desv.) Cuatrec.	021
	Senecio chionogeton Wedd.	171
	Senecio aff. *formosus* Humb., Bonpl. & Kunth	187
	Werneria humilis Humb., Bonpl. & Kunth	043
BERBERIDACEAE	*Berberis* sp.	047
BORAGINACEAE	*Moritzia* cf. *lindenii* (DC.) Benth.	008
BRASSICACEAE	*Mathiola* (?) sp.	064
BUDDLEJACEAE	*Buddleja* cf. *multiceps* Kraenzlin	052
CARYOPHYLLACEAE	*Cerastium* sp.	073
	Stellaria recurvata Humb., Bonpl. & Kunth	009

SIGUE

- 16 -

FAMILIA	GENERO, ESPECIE Y AUTOR	P. MENA Nº
ERICACEAE	*Disterigma empetrifolium* (Humb., Bonpl. & Kunth) Drude	032
	Gaultheria glomerata (Cav.) Sleumer	046
	Macleania rupestris Humb., Bonpl. & Kunth	063
	Pernettya prostrata (Cav.) DC.	023
FABACEAE	*Lupinus* aff. *revolutus* D.C. Smith	031
GENTIANACEAE	*Halenia weddelliana* Gilg	033
GERANIACEAE	*Geranium sibbaldioides* Benth.	011
	Geranium sp.	024
GROSSULARIACEAE	*Ribes andicola* Jancz.	017
GUNNERACEAE	*Gunnera magellanica* Lam.	012
HYPERICACEAE	*Hypericum* aff. *humboldtianum* Steudel	016
	Hypericum lancioides Cuatrec.	075
	Hypericum laricifolium Juss.	041
LAMIACEAE	*Stachys* cf. *eriantha* Hook.	042
LENTIBULARIACEAE	*Pinguicula calyptrata* Humb., Bonpl. & Kunth	068
MELASTOMATACEAE	*Brachyotum ledifolium* (Desv.) Triana	048
	Miconia bracteolata (Bonpl.) DC.	013
	Miconia chionophila Naud.	086
	Miconia salicifolia (Bonpl.) Naud.	055
ONAGRACEAE	*Epilobium denticulatum* Ruíz & Pavón	058
	Fuchsia sp.	201

SIGUE

POLYGALACEAE	*Monnina crassifolia* Humb., Bonpl. & Kunth	062
POLYGONACEAE	*Rumex crispus* L.	060
RANUNCULACEAE	*Ranunculus peruvianus* Pers.	045
ROSACEAE	*Acaena elongata* L.	061
	Lachemilla sp. 1	027
	Lachemilla sp. 2	081
	Rubus sp.	082
RUBIACEAE	*Arcytophyllum aristatum* Standley	067
	Nertera depressa Banks & Soland.	010
SCROPHULARIACEAE	*Bartsia orthocarpiflora* Benth.	072
	Calceolaria laniifolia Humb., Bonpl. & Kunth	076
	Castilleja fissifolia L.f.	037
	Lamorouxia virgata Humb., Bonpl. & Kunth	085
	Sibthorpia repens (L.) Kuntze	015
SOLANACEAE	*Solanum* sp.	080
VALERIANACEAE	*Valeriana adscendens* Turcz.	183
	Valeriana alophis Graebner	020
	Valeriana plantaginea Humb., Bonpl. & Kunth	225
VIOLACEAE	*Viola glandulifera* Hook.	039

MONOCOTILEDONEAS

BROMELIACEAE	*Puya* cf. *clava-hercules* Mez & Sodiro	090

SIGUE

FAMILIA	GENERO, ESPECIE Y AUTOR	P. MENA Nº
CYPERACEAE	*Carex pichinchensis* Humb., Bonpl.	
	& Kunth	004
	Rhynchospora macrochaeta Steudel	001
IRIDACEAE	*Sisyrinchium* sp.	035
JUNCACEAE	*Luzula gigantea* Desv.	066
ORCHIDACEAE	*Brachionidium tetrapetalum* (Lehm.	
	& Krzl.) Schltr.	196
	Epidendrum frutex Reichb.	054
	Epidendrum indecoratum Schltr.	194
POACEAE	*Agrostis tolucensis* Kunth	014
	Calamagrostis intermedia (Presl.)	
	Steudel	003
	Cortaderia nitida Humb., Bonpl.	
	& Kunth	002

□□□□□□□

II Comparación entre las Floras del Páramo y del Cinturón Afroalpino:

La siguiente es una tabla de comparación entre familias del páramo sudamericano y el Cinturón Afroalpino. Las fuentes de información son Hedberg (1957) para el Cinturón Afroalpino, y Cleef (1981) para el páramo. Las familias tomadas de Cleef **no** encontradas en la hectárea de El Angel se encuentran marcadas con un asterisco. La presencia se indica con "l" y la ausencia con "O" :

FAMILIA	PARAMOS	C. AFROALPINO
APIACEAE	l	l
AQUIFOLIACEAE*	l	O
ARALIACEAE	l	O
ARECACEAE*	l	O
ASTERACEAE	l	l
BALSAMINACEAE	O	l
BERBERIDACEAE	l	O
BLECHNACEAE	l	O
BORAGINACEAE	l	l
BRASSICACEAE	l	l
BROMELIACEAE	l	O
BUDDLEJACEAE	l	O
CALLITRICHACEAE*	l	l
CAMPANULACEAE*	l	l
CARYOPHYLLACEAE	l	l
CLETHRACEAE*	l	O
CORIARIACEAE*	l	O
CRASSULACEAE*	l	l
CUNONIACEAE*	l	O
CYPERACEAE	l	l
DIPSACACEAE	O	l
DRYOPTERIDACEAE	l	l
ELATINACEAE*	l	O
ERICACEAE	l	l
ERIOCAULACEAE*	l	O
ESCALLONIACEAE*	l	O

SIGUE

FAMILIA	PARAMOS	C. AFROALPINO
EUPHORBIACEAE*	I	I
FABACEAE	I	I
GENTIANACEAE	I	O
GERANIACEAE	I	O
GESNERIACEAE	O	I
GROSSULARIACEAE	I	O
GUNNERACEAE	I	O
HALORAGACEAE*	I	I
HYMENOPHYLLACEAE	I	O
HYPERICACEAE	I	O
IRIDACEAE	I	I
ISOETACEAE	I	O
JUNCACEAE	I	O
LAMIACEAE	I	I
LEMNACEAE*	I	O
LENTIBULARIACEAE	I	O
LORANTHACEAE*	I	O
LYCOPODIACEAE*	I	I
MALVACEAE*	I	O
MELASTOMATACEAE	I	O
MYRTACEAE	I	O
ONAGRACEAE	I	O
OPHIOGLOSSACEAE*	I	O
ORCHIDACEAE	I	O
PIPERACEAE*	I	O
POACEAE	I	I
POLYGALACEAE	I	O
POLYGONACEAE	I	O
POLYPODIACEAE*	I	O
PORTULACACEAE*	I	I
POTAMOGETONACEAE*	I	O
PRIMULACEAE	O	I
PROTEACEAE	O	I
PTERIDACEAE	I	O
RANUNCULACEAE	I	I
ROSACEAE	I	I
RUBIACEAE	I	O
SANTALACEAE	O	I
SCROPHULARIACEAE	I	I
SOLANACEAE	I	O
SYMPLOCACEAE*	I	O

SIGUE

FAMILIA	PARAMOS	C. AFROALPINO
THEACEAE*	I	0
URTICACEAE*	I	I
VALERIANACEAE	I	I
VIOLACEAE	I	0
XYRIDACEAE*	I	0

□□□□□□□

A continuación se encuentra una lista de los géneros de plantas vasculares encontrados en los páramos sudamericanos y en el Cinturón Afroalpino. La lista se basa en las mismas publicaciones que la lista anterior. Los géneros marcados con asterisco son los géneros del páramo que **no** se encuentran en la hectárea investigada en el páramo de El Angel. "I" indica presencia y "0" indica ausencia:

GENERO	PARAMOS	C. AFROALPINO
Acaena	I	0
*Acaulimalva**	I	0
*Achyrocline**	I	0
*Aciachne**	I	0
*Acnistus**	I	0
Agrostis	I	I
Aira	0	I
Alchemilla	I	0
Aleuritopteris	0	I

SIGUE

GENERO	PARAMOS	C. AFROALPINO
Altensteinia *	I	0
Anagallis	0	I
Anemone	0	I
Anthemis	0	I
Anthospermum	0	I
Anthoxanthum	0	I
Aphanactis *	I	0
Arabidopsis	0	I
Arabis	0	I
Aragoa *	I	0
Arcytophyllum	I	0
Arenaria *	I	0
Artemisia	0	I
Asplenium *	I	I
Aulonemia *	I	0
Azolla *	I	0
Azorella	I	0
Baccharis	I	0
Barbarea	0	I
Bartsia	I	I
Befaria *	I	0
Bidens *	I	0
Blaeria	0	I
Blechnum	I	0
Brachionidium	I	0
Brachyotum	I	0
Brachypodium *	I	0
Bromus *	I	0
Bucquetia *	I	0
Buddleja	I	0
Bulbostylis *	I	0
Calamagrostis	I	I
Calandrinia *	I	0
Calceolaria	I	0
Callitriche *	I	I
Cardamine *	I	I
Carduus	0	I
Carex	I	I
Carpha	0	I

SIGUE

GENERO	PARAMOS	C. AFROALPINO
Castilleja	I	O
Castratella*	I	O
Centropogon*	I	O
Cerastium	I	I
Cestrum*	I	O
Cineraria	O	I
Cinna*	I	O
Clethra*	I	O
Colobanthus*	I	O
Conyza*	I	I
Coreopsis	O	I
Coriaria*	I	O
Cortaderia	I	O
Cotula*	I	O
Crassula*	I	I
Crassocephalum	O	I
Crepis	O	I
Cyperus*	I	O
Cystopteris*	I	I
Chaetolepis*	I	O
Chusquea*	I	O
Danthonia*	I	O
Deschampsia	O	I
Dierama	O	I
Dipsacus	O	I
Disterigma	I	O
Distichia*	I	O
Draba*	I	O
Drymaria*	I	O
Dryopteris*	I	O
Dysopsis*	I	O
Elaphoglossum	I	O
Elatine*	I	O
Eleocharis*	I	O
Epidendrum	I	O
Epilobium	I	O
Equisetum*	I	O
Erica	O	I
Erigeron*	I	O

SIGUE

-24 -

GENERO	PARAMOS	C. AFROALPINO
*Eriocaulon**	I	I
*Eriosorus**	I	0
*Escallonia**	I	0
Espeletia	I	0
*Espeletiopsis**	I	0
*Eupatorium**	I	0
Euphorbia	0	I
Euryops	0	I
*Festuca**	I	I
*Floscaldasia**	I	0
Fuchsia	I	0
*Gaiadendron**	I	0
*Galium**	I	I
Gaulteria	I	0
*Gaylussacia**	I	0
*Gentiana**	I	0
*Gentianella**	I	0
*Geonoma**	I	0
Geranium	I	0
Gladiolus	0	I
Gnaphalium	I	0
*Grammitis**	I	0
*Gratiola**	I	0
*Greigia**	I	0
Gunnera	I	0
Gynoxis	I	0
Habenaria	0	I
Halenia	I	0
Haplocarpha	0	I
Haplosciadium	0	I
Hebenstretia	0	I
Helichrysum	0	I
Helictotrichum	0	I
Hesperantha	0	I
*Hesperomeles**	I	0
*Hieracium**	I	0
*Hinterhubera**	I	0
*Hydrocotyle**	I	0
*Hymenophyllum**	I	0

SIGUE

-25 -

GENERO	PARAMOS	C. AFROALPINO
Hypericum	I	I
*Hypsella**	I	0
Hypochoeris	I	0
*Ilex**	I	0
Impatiens	0	I
Isoëtes	I	0
*Jaegeria**	I	0
Jamesonia	I	0
*Juncus**	I	0
Keniochloa	0	I
Kniphofia	0	I
Kohleria	0	I
Lachemilla	I	0
*Laestadia**	I	0
Lamorouxia	I	0
*Lemna**	I	0
*Lepidium**	I	0
*Lilaea**	I	0
*Lilaeopsis**	I	0
*Limosella**	I	I
Lithospermum	0	I
*Lobelia**	I	I
*Lorenzochloa**	I	0
Loricaria	I	0
*Lourteigia**	I	0
*Lucilia**	I	0
*Ludwigia**	I	0
Lupinus	I	0
Luzula	I	I
*Lycopodium**	I	I
*Lysipomia**	I	0
Macleania	I	0
Malva	0	I
*Masdevalia**	I	0
Mathiola	I	0
Miconia	I	0
*Mimulus**	I	0
Monnina	I	0
*Montia**	I	I

SIGUE

-26 -

GENERO	PARAMOS	C. AFROALPINO
Moritzia	1	0
*Muehlenbeckia**	1	0
*Muehlenbergia**	1	0
Munnozia	1	0
Myosotis	0	1
*Myrica**	1	0
*Myriophyllum**	1	0
*Myrrhidendron**	1	0
*Myrteola**	1	0
Nannoseris	0	1
*Nephropteris**	1	0
Nertera	1	0
*Neurolepis**	1	0
Niphogeton	1	0
*Noticastrum**	1	0
*Odontoglossum**	1	0
*Ophioglossum**	1	0
*Oreobolus**	1	0
*Oreomyrrhis**	1	0
*Oreopanax**	1	0
Oritrophium	1	0
*Orthrosanthus**	1	0
Osteospermum	0	1
*Ottoa**	1	0
*Ourisia**	1	0
*Oxalis**	1	1
*Oxylobus**	1	0
*Paepalanthus**	1	0
*Parietaria**	1	1
*Paspalum**	1	0
Pentacalia	1	0
*Peperomia**	1	0
Pernettya	1	0
Peucedanum	0	1
*Phyllactis**	1	0
Phillipia	0	1
*Pilularia**	1	0
Pimpinella	0	1
Pinguicula	1	0

SIGUE

- 27 -

GENERO	PARAMOS	C. AFROALPINO
*Plagiocheilus**	I	O
*Plantago**	I	O
*Poa**	I	I
*Polylepis**	I	O
*Polypodium**	I	O
*Polystichum**	I	I
*Potamogeton**	I	O
*Potentillia**	I	O
Protea	O	I
*Pterichis**	I	O
*Pteridium**	I	O
*Purpurella**	I	O
Puya	I	O
Ranunculus	I	I
*Rapanea**	I	O
*Relbunium**	I	O
*Rhizocephalum**	I	O
Rhynchospora	I	O
Ribes	I	O
Romulea	O	I
Rubus	I	O
Rumex	I	O
Sagina	O	I
*Salvia**	I	I
*Satureja**	I	I
Scabiosa	O	I
*Scirpus**	I	I
Sebaea	O	I
Sedum	O	I
Senecio	I	I
*Sericotheca**	I	O
*Siegesbeckia**	I	O
*Siphocampylus**	I	O
Solanum	I	O
*Spiranthes**	I	O
*Sporobolus**	I	O
Stachys	I	O
*Stevia**	I	O
Stellaria	I	O

SIGUE

GENERO	PARAMOS	C. AFROALPINO
Stoebe	0	I
Subularia	0	I
*Swallenochloa**	I	0
Swertia	0	I
*Symplocos**	I	0
*Ternstroemia**	I	0
Thesium	0	I
*Tillaea**	I	0
*Tofieldia**	I	0
Trifolium	0	I
*Ugni**	I	0
*Urtica**	I	0
*Utricularia**	I	0
*Vaccinium**	I	0
Valeriana	I	I
*Vallea**	I	0
*Verbesina**	I	0
*Veronica**	I	I
*Vesicarex**	I	0
*Vicia**	I	0
Viola	I	I
Vulpia	0	I
Wahlenbergia	0	I
*Weinmannia**	I	0
Werneria	I	0
*Xyris**	I	0

□□□□□□□

De las dos listas anteriores se pueden sacar los siguientes datos:

* TOTAL DE FAMILIAS	72	(100 %)
* TOTAL DE FAMILIAS DE LOS PARAMOS	65	(92 %)
* DE FAMILIAS EXCLUSIVAS DE LOS PARAMOS	42	(60 %)
* TOTAL DE FAMILIAS DEL C. AFROALPINO	29	(39 %)
* DE FAMILIAS EXCLUSIVAS DEL C. AFROALPINO	6	(9 %)
* DE FAMILIAS COMPARTIDAS	24	(31 %)
* TOTAL DE GENEROS	269	(100 %)
* TOTAL DE GENEROS DE LOS PARAMOS	212	(79 %)
* DE GENEROS EXCLUSIVOS DE LOS PARAMOS	181	(67 %)
* TOTAL DE GENEROS DEL C. AFROALPINO	89	(33 %)
* DE GENEROS EXCLUSIVOS DEL C. AFROALPINO	57	(21 %)
* DE GENEROS COMPARTIDOS	32	(12 %)

Aparte de esto, tres especies son compartidas por ambos ecosistemas. Ninguna de ellas fue encontrada en la hectárea de estudio en el páramo de El Angel:

Cystopteris fragilis (L.) Bernh. (DRYOPTERIDACEAE)
Montia fontana L. (PORTULACACEAE)
Parietaria debilis Forster (URTICACEAE)

Como se ha dicho, un requisito para poder hablar de Evolución Convergente es que no haya una relación florística cercana entre las áreas consideradas. Entre el páramo y el Cinturón Afroalpino no hay sino 3 especies compartidas, todas ellas con una amplia distribución (Hedberg, 1957). A nivel genérico, de los 269 géneros existentes en total en ambas áreas, 32 (12 %) se encuentran tanto en los páramos como en las alturas esteafricanas. Es de notar que los géneros compartidos son en su mayoría géneros cosmopolitas o pantropicales, tales los casos de *Asplenium, Calamagrostis, Carex, Festuca, Luzula, Poa, Senecio* y *Veronica,* entre otros. Como se podría esperar, mientras avanzamos en las categorías taxonómicas, la relación va aumentando. Del total de 72 familias encontradas, 24 (31 %) se hallan en ambas áreas.

De estos datos podemos concluir que efectivamente sí existe una relación filogenética entre las floras, pero bastante escasa de cualquier manera. A nivel específico la relación es prácticamente nula. 12 % de géneros compartidos no parece ser una cantidad grande, especialmente tomando en cuenta la amplia distribución de éstos. Lo mismo cabe decir para las familias. Siendo una categoría taxonómica relativamente amplia, un 31 % de compartición entre dos floras no debe implicar una relación cercana.

III Las Formas de Vida de las Plantas del Páramo de El

Angel: En este subcapítulo se presentan las características de diagnóstico de las formas de vida establecidas por Hedberg (1964 a, b) para el Cinturón Afroalpino. Usar alguno de los sistemas tradicionales de clasificación de formas de vida no resulta apropiado por cuanto esos sistemas no sirven para agrupar plantas que se enfrentan a condiciones extremas como las de los ecosistemas tratados aquí. Por ejemplo en el sistema de Raunkiaer (1934), la característica básica para categorizar determinada planta es cómo esa planta sobrevive durante el invierno. En el páramo o en las alturas esteafricanas una clasificación así no tendría sentido.

Para cada forma de vida se ponen en lista las especies de la hectárea de estudio en el páramo de El Angel que pueden ser colocadas dentro de esa categoría:

PLANTAS DE ROSETA GIGANTE (Fig. 4) : Los tejidos conductores de agua, al igual que las bases de las hojas están eficazmente protegidos de las heladas por una espesa vaina foliosa; por otro lado, se mantiene una temperatura constante relativamente baja. La circulación puede hacerse de este modo lenta pero contínuamente dentro del tronco. Además existe dentro de la médula un tejido especial que funciona como reservorio de agua. El balance hídrico puede hacerse en forma adecuada teniendo en cuenta que la transpiración de las hojas es periódicamente bastante fuerte. Las flores jóvenes parecen estar bastante bien protegidas contra las heladas principalmente gracias a la roseta foliar densa y gracias a

Fig. 4: *Espeletia pycnophylla*, una planta de roseta gigante. Se nota la pubescencia foliar y la cubierta de hojas viejas sobre el tronco (Foto: John Brandbyge).

las brácteas ajustadas. Además, tanto hojas como brácteas y tallos de la inflorescencia presentan una pubescencia espesa que supuestamente ayuda a conservar el calor y también a disipar las radiaciones.

Las especies de la hectárea que pertenecen a esta forma de vida no presentan ningún problema de diagnóstico, y son:

Blechnum loxense (BLECHNACEAE)
Espeletia pycnophylla (ASTERACEAE)
Puya cf. *clava-hercules* (BROMELIACEAE)

Las tres pertenecen a familias distintas y filogenéticamente bastante alejadas. Esto refuerza el hecho de que la ubicación taxonómica de las plantas no importa cuando se trata de formas de vida.

PLANTAS FORMADORAS DE PENACHO (Fig. 5): La circulación también se realiza casi sin interrupción debido a que la base de los tallos y de las hojas está eficazmente aislada por las bases de tallos y hojas muertos. Las partes superiores de cañas y hojas seguramente se congelan durante las horas más críticas de temperatura y por lo tanto la circulación interna de agua cesa periódicamente. Ya que las hojas de estas especies son marcadamente xeromórficas, pueden reducir notablemente la evapotranspiración y de esta manera reducen también la pérdida de agua durante las horas en que ésta no es acequible por estar congelada. Los retoños y las hojas jóvenes son protegidos así contra las heladas.

Las especies que entran sin problema en esta forma de vida son:

Carex pichinchensis (CYPERACEAE)
Rhynchospora macrochaeta (CYPERACEAE)
Agrostis tolucensis (POACEAE)
Calamagrostis intermedia (POACEAE)
Cortaderia nitida (POACEAE)

En este grupo hay dos especies que presentan problema:

Luzula gigantea (JUNCACEAE)
Sisyrinchium sp. (IRIDACEAE)

Fig. 5: *Calamagrostis*, una planta formadora de penacho. Se aprecia el denso conjunto de hojas y cañas muertas alrededor de los nuevos órganos (Foto: Lauritz B. Holm-Nielsen).

Luzula gigantea presenta tallos y hojas propios de esta forma de vida, pero existe una roseta basal acaulescente, similar a la presente en las especies pertenecientes a esa otra forma de vida (q.v.). Cuando el tallo central todavía no nace es muy fácil confundirse entre estas dos formas de vida para esta especie. Sin embargo un mejor análisis lleva a pensar que efectivamente se trata de una formadora de penachos.

Sisyrinchium tiene las características de este grupo en cuanto posee cañas largas y delgadas y hojas muy xeromórficas, semejantes a las demás del grupo. Pero carece de las hojas secas que en buena cantidad rodean a tallos y hojas jóvenes de los representantes típicos de este grupo. Por otro lado, crece siempre muy cerca de plantas que caen sin problema dentro del grupo, especialmente *Agrostis* y *Calamagrostis* y posiblemente goce de las ventajas de esta característica presente en plantas vecinas.

PLANTAS DE ROSETA ACAULESCENTE (Fig. 6) :   La roseta puede ser también subacaulescente. Estas especies presentan un gran sistema radicular. Su tronco generalmente es completamente subterráneo, sobresaliendo apenas a la superficie del suelo en algunos casos. Termina en un roseta foliar densa de cuyo centro emergen una o varias flores en tallos de diversa longitud. Como el tronco está oculto y rodeado de una vaina de hojas, debe estar bien protegido contra las heladas, permitiéndose así una circulación constante de agua, o casi constante. La baja temperatura del tronco debe ser compensada durante las primeras horas de calor por el pequeño tallo principal de diámetro relativamente grande. Las hojas, estando contra el suelo, no deben empezar a transpirar sino después de que el suelo empieza a calentarse. Parece pues natural que estas hojas sean relativamente grandes, y no particularmente xeromórficas. Los botones florales deben estar, en cierta medida, protegidos en el centro de la roseta. En las especies escaposas, éste es pubescente y delgado, y sus brácteas son pequeñas en relación con la roseta foliar subyacente.

Como se explicó en la forma de vida anterior, *Luzula gigantea* puede parecer en un primer momento una roseta acaulescente. Aclarado este particular, no hay problema en colocar las siguientes especies dentro de esta forma de vida:

Fig. 6: *Pinguicula calyptrata*, una planta de roseta acaulescente. La roseta foliar se encuentra prácticamente contra el suelo (Foto: Benjamin Øllgaard).

Gnaphalium antennarioides (ASTERACEAE)
Gnaphalium sp. (ASTERACEAE)
Hypochoeris sonchoides (ASTERACEAE)
Oritrophium peruvianum (ASTERACEAE)
Moritzia cf. *lindenii* (BORAGINACEAE)
Pinguicula calyptrata (LENTIBULARIACEAE)
Valeriana adscendens (VALERIANACEAE)
Valeriana plantaginea (VALERIANACEAE)

PLANTAS FORMADORAS DE ALMOHADILLA (Fig. 7) :   Desde el punto de vista microclimático, la superficie de la almohadilla representa la superficie del suelo. Ya que la irradiación calórica de las plantas vivas parece ser menor que la del suelo, se puede suponer que las partes internas de la almohadilla, es decir troncos y raíces, están bien protegidas contra las heladas, del mismo modo los botones que todavía estén en el interior. Sin embargo, la superficie de estas almohadillas se congela a unos dos centímetros de profundidad inclusive, y las hojas se presentan marcadamente xeromórficas.

Hay relativamente pocas especies formadoras de almohadilla en la hectárea y presumiblemente en todo el páramo de El Angel. La razón parece estar relacionada con el drenaje de agua. En páramos mejor drenados se encuentran más almohadillas, y más grandes. Cuatro especies caen sin problema dentro del grupo:

Azorella aretioides (APIACEAE)
Werneria humilis (ASTERACEAE)
Geranium sibbaldioides (GERANIACEAE)
Geranium sp. (GERANIACEAE)

ARBUSTOS XEROFITICOS (Y ARBUSTOS ENANOS) (Fig. 8):   Estas plantas se elevan a veces varios decímetros sobre el nivel del suelo y manifiestamente parecen carecer de posibilidades de protegerse contra las heladas. Probablemente se congelan todas las noches, para deshielarse por las mañanas, durante las primeras horas de calor. Durante la noche y primeras horas de la madrugada, la circulación de agua no puede llevarse a cabo. Esto debe tener relación con la marcada xeromorfía de las hojas de estas especies. Estas hojas siempre

Fig. 7: *Werneria humilis,* una planta de almohadilla. Se notan las hojas xeromórficas (Foto: Benjamin Øllgaard).

presentan algunas o todas las siguientes características: tamaño reducido, superficies coriáceas y reflejantes, y superficies pubescentes. Ni los botones ni los retoños parecen poseer algún medio de defensa contra las heladas. Puede ser interesante el que la mayoría de estos arbustos crezca formando parches sumamente densos de matorral. Tal vez se podría pensar en una especie de almohadilla gigantesca.

Los arbustos enanos no presentan modificaciones suficientes como para ser considerados como una forma de vida aparte. Sus tallos rastreros no parecen estar tan cerca del suelo ni tan apretados entre sí como para gozar de las supuestas ventajas microclimáticas de una almohadilla. Sus hojas son marcadamente xeromórficas, y en general, solo su talla los diferencia de los demás arbustos.

Las especies netamente xeromórficas, es decir con hojas coriáceas y reflejantes, pequeñas (no mayores de 1,5 cm. de largo aproximadamente) y pubescentes, son las siguientes:

Baccharis arbutifolia (ASTERACEAE)
Baccharis buxifolia (ASTERACEAE)
Baccharis polyantha (ASTERACEAE)
Baccharis tricuneata (ASTERACEAEA)
Baccharis sp. (ASTERACEAE)
Gynoxis cf. *buxifolia* (ASTERACEAE)
Gynoxis sp. (ASTERACEAE)
Loricaria thuyoides (ASTERACEAE)
Pentacalia peruviana (ASTERACEAE)
Berberis sp. (BERBERIDACEAE)
Buddleia cf. *multiceps* (BUDDLEIACEAE)
Disterigma empetrifolium (ERICACEAE)
Pernettya prostrata (ERICACEAE)
Ribes andicola (GROSSULARIACEAE)
Hypericum aff. *humboldtianum* (HYPERICACEAE)
Hypericum lancioides (HYPERICACEAE)
Hypericum laricifolium (HYPERICACEAE)
Brachyotum ledifolium (MELASTOMATACEAE)
Miconia chionophylla (MELASTOMATACEAE)
Miconia salicifolia (MELASTOMATACEAE)
Fuchsia sp. (ONAGRACEAE) SIGUE

Fig 8: *Loricaria thuyoides* , un arbusto xerofítico. Las hojas son netamente xeromórficas (Foto: Henrik Balslev).

Monnina crassifolia (POLYGALACEAE)
Acaena elongata (ROSACEAE)
Arcytophyllum aristatum (RUBIACEAE)
Bartsia orthocarpiflora (SCROPHULARIACEAEA)
Calceolaria laniifolia (SCROPHULARIACEAE)
Solanum sp. (SOLANACEAE)
Valeriana alophis (VALERIANACEAE)

De los anteriores, son arbustos enanos:

Disterigma empetrifolium (ERICACEAE)
Pernettya prostrata (ERICACEAE)
Hypericum aff. humboldtianum (HYPERICACEAE)
Miconia chionophylla (MELASTOMATACEAE)
Arcytophyllum aristatum (RUBIACEAE)

Los arbustos que no presentan las hojas xeromórficas típicas son:

Ageratina azangaroensis (ASTERACEAE)
Gaulteria glomerata (ERICACEAE)
Macleania rupestris (ERICACEAE)
Lupinus revolutus (FABACEAE)
Miconia bracteolata (MELASTOMATACEAE)
Rubus sp. (ROSACEAE)

Cabe anotar que todos estos arbustos del último grupo presentan pubescencia y textura coriácea en las hojas, y la diferencia radica básicamente en el tamaño de las mismas. Por lo demás son muy similares a los otros arbustos. Un estudio más detallado de la importancia de estas características para la supervivencia de estas plantas en este medio daría más pautas para concluir con más peso que forman parte de esta forma de vida, o de una propia. El hecho de que formen parte de la asociación de matorral denso en zonas escarpadas en proporción similar con los demás arbustos puede llevar a pensar que sí deben incluirse en la misma forma de vida. Por otro lado, podría pensarse que en realidad son otra forma de vida que goza de las ventajas de la asociación como probablemente única forma de contrarrestar las condiciones ambientales adversas.

HERBACEAS INCLASIFICABLES (Fig. 9) : Son numerosas las especies que no pueden ser incluidas en ninguna de las formas de vida descritas y representadas anteriormente. El elevado número de especies inclasificables no debe ser causa de confusión. Hay que tener en cuenta que la importancia de una forma de vida no radica en el número de especies, sino principalmente en la cobertura que representen dichas especies. Es necesario tener en cuenta además, que estas especies no forman parte de una forma de vida, sino que son simplemente las que no caen en ninguna de las formas de vida establecidas por Hedberg. La característica que agrupa a todas ellas es el hecho de no poder ser incluidas en ninguna de las formas de vida anteriores. Obviamente, las adaptaciones que poseen estas plantas puden ser simplemente no muy evidentes, y entre estas adaptaciones podrían estar las de asociarse con plantas que sí presentan adaptaciones conspícuas.

Las especies de herbáceas inclasificables son:

Elaphoglossum cf. *piloselloides* (DRYOPTERIDACEAE)
Elaphoglossum sp. 1 (DRYOPTERIDACEAE)
Elaphoglossum sp. 2 (DRYOPTERIDACEAE)
Elaphoglossum sp. 3 (DRYOPTERIDACEAE)
Isoëtes sp. (ISOETACEAE)
Jamesonia pulchra (PTERIDACEAE)
Niphogeton dissecta (APIACEAE)
Hieracium frigidum (ASTERACEAE)
Munnozia jussieui (ASTERACEAE)
Senecio chionogeton (ASTERACEAE)
Senecio aff. *formosus* (ASTERACEAE)
Mathiola(?) sp. (BRASSICACEAE)
Cerastium sp. (CARYOPHYLLACEAE)
Stellaria recurvata (CARYOPHYLLACEAE)
Halenia weddelliana (GENTIANACEAE)
Gunnera magellanica (GUNNERACEAE)
Stachys cf. *eriantha* (LAMIACEAE)
Epilobium denticulatum (ONAGRACEAE)
Rumex crispus (POLYGONACEAE)
Ranunculus peruvianus (RANUNCULACEAE)
Lachemilla sp. 1 (ROSACEAE)
Lachemilla sp. 2 (ROSACEAE)
Nertera depressa (RUBIACEAE) SIGUE

- 42 -

Fig. 9: *Halenia weddelliana*, una herbácea inclasificable. No presenta adaptaciones conspícuas (Foto: Anders Barfod).

Lamorouxia virgata (SCROPHULARIACEAE)
Sibthorpia repens (SCROPHULARIACEAE)
Viola glandulifera (VIOLACEAE)
Brachionidium tetrapetalum (ORCHIDACEAE)
Epidendrum frutex (ORCHIDACEAE)
Epidendrum indecoratum (ORCHIDACEAE)

La tabla que sigue representa el porcentaje de especies que cada forma de vida posee frente al total de especies en la hectárea de estudio. Se incluyen también las herbáceas inclasificables:

PLANTAS DE ROSETA GIGANTE	4 %
PLANTAS FORMADORAS DE PENACHO	8 %
PLANTAS DE ROSETA ACAULESCENTE	9 %
PLANTAS DE ALMOHADILLA	5 %
ARBUSTOS XEROFITICOS	41 %
HERBACEAS INCLASIFICABLES	33 %

El cuadro que se presenta es muy semejante al que Hedberg ha encontrado en el Cinturón Afroalpino (Hedberg, 1964; Hedberg & Hedberg, 1979). Todas las plantas con adaptaciones conspícuas encontradas en la hectárea de estudio en el páramo de El Angel pueden ser incluidas en una de las categrías de Hedberg para las alturas esteafricanas. El también ha hallado una gran cantidad de herbáceas inclasificables. Por tanto, parece que las formas de vida del Cinturón Afroalpino sirven tan efectivamente allá como en los páramos sudamericanos para agrupar a las plantas de acuerdo con sus adaptaciones a presiones ambientales semejantes. Sin embargo cabe recalcar que el hecho de que existan las mismas formas de vida no debe llevarnos a concluir que efectivamente ha habido un fenómeno de evolución convergente. En el próximo subcapítulo se hace un análisis de la cobertura de estas formas de vida en las tres asociaciones más conspícuas de la hectárea de estudio.

IV La Cobertura de las distintas Formas de Vida en el Páramo de El Ángel:

Tras haber realizado la medición de cobertura por forma de vida en el pajonal poco disturbado, en el pajonal muy disturbado y en la zona escarpada de matorral denso, dos aspectos saltan a la vista: en primer lugar, todas las formas de vida están representadas en las tres zonas; y en segundo lugar, las herbáceas inclasificadas representan en conjunto un porcentaje muy pequeño de la cobertura. Las diferencias de cobertura de las diversas formas de vida en las tres zonas serán expuestas y discutidas a continuación.

COBERTURA EN EL PAJONAL POCO DISTURBADO: Los porcentajes de cobertura de las diferentes formas de vida y herbáceas inclasificables en esta zona son los siguientes:

PLANTAS DE ROSETA GIGANTE	27 %
PLANTAS FORMADORAS DE PENACHO	61 %
PLANTAS DE ROSETA ACAULESCENTE	3 %
PLANTAS DE ALMOHADILLA	4 %
ARBUSTOS XEROFITICOS	4 %
HERBACEAS INCLASIFICABLES	1 %

Cuando se observan las partes menos alteradas del páramo parece que las rosetas gigantes, especialmente los frailejones *Espeletia pycnophylla*, son las plantas dominantes. Sin embargo parece ser más una impresión visual antes que un hecho real. Al revisar los cálculos de cobertura se nota que son las plantas formadoras de penacho, notablemente *Calamagrostis intermedia*, las que cubren más de la mitad de la superficie vegetal, y más del doble de lo que cubren las rosetas gigantes, que ocupan el segundo lugar.

Las otras formas de vida representan en esta zona una cobertura más modesta, pero en todo caso superior a la de las inclasificables. Estos datos nos llevan a concluir que las plantas de penacho y las rosetas gigantes son las formas de vida más exitosas en las zonas donde no ha habido mayor acción humana. Sin embargo se necesitan datos más

detallados acerca del grado de alteración, y también estudios de
cobertura de formas de vida en lugares más alejados de la civilización
para apoyar o refutar estas conclusiones.

COBERTURA EN EL PAJONAL MUY DISTURBADO: Los porcentajes de
cobertura son los siguientes:

PLANTAS DE ROSETA GIGANTE	11 %
PLANTAS FORMADORAS DE PENACHO	48 %
PLANTAS DE ROSETA ACAULESCENTE	19 %
PLANTAS DE ALMOHADILLA	6 %
ARBUSTOS XEROFITICOS	14 %
HERBACEAS INCLASIFICABLES	2 %

En esta zona las plantas formadoras de penacho conservan su
hegemonía, pero con un cambio en el componente específico por la
aparición de la especie pionera *Cortaderia nitida*. Las rosetas
acaulescentes cubren una notable superficie y desplazan del segundo
lugar a las rosetas gigantes. Esto posiblemente se deba a que *Espeletia
pycnophylla* y *Puya* cf. *clava-hercules* son fácilmente arrasadas por
agentes disturbadores, y también al hecho de que estas rosetas
acaulescentes tengan tendencias pioneras. También los arbustos
presentan una cobertura mayor que en el caso anterior y esto se debe tal
vez a que las rosetas gigantes, más exitosas en general pero más frágiles
en condiciones especiales, han dejado sus lugares. Las almohadillas,
como en el caso previo, presentan una cobertura menor, pero en cualquier
caso mayor que la de las herbáceas inclasificables.

COBERTURA EN LA ZONA ESCARPADA DE MATORRAL DENSO: Los
porcentajes de cobertura a continuación:

PLANTAS DE ROSETA GIGANTE	1 %
PLANTAS FORMADORAS DE PENACHO	9 %
PLANTAS DE ROSETA ACAULESCENTE	30 %
PLANTAS DE ALMOHADILLA	2 %
ARBUSTOS XEROFITICOS	55 %
HERBACEAS INCLASIFICABLES	3 %

Se presenta un cambio drástico en la distribución superficial de las formas de vida frente a lo encontrado en las dos zonas tratadas anteriormente. Los arbustos xerofíticos cubren más de la mitad del total. De hecho, una visión a distancia de estos parches de matorral muestra solamente las copas de los arbustos. Esta presencia masiva de esta forma de vida, tan escasa en las otras zonas, posiblemente tenga que ver con un sistema radicular capaz de sostener a la planta en las zonas más escarpadas, y al hecho de que estas zonas escarpadas sean las más inaccesibles. Los arbustos deben controlar bastante efectivamente la erosión . Podría ser que este control de la erosión tenga que ver con la dominancia de esta forma de vida. Una almohadilla o una roseta acaulescente no poseen un sistema radicular profundo, entre otras cosas porque no necesitan un anclaje hondo, al elevarse poco sobre la superficie. En cambio los arbustos requieren de un sistema de raíces que se entierre bastante en el suelo. De este modo, se podría decir que los arbustos requieren de sus raíces para sostenerse, y que el suelo requiere de estas raíces para no resultar erosionado.

De cualquier forma, las rosetas acaulescentes han aumentado notablemente. Acaso sean las plantas que mejor aprovechan el supuesto microclima bajo las copas de los arbustos. Las rosetas gigantes y las plantas de penacho han declinado mucho, especialmente las primeras, que ahora ocupan el último lugar. Las herbáceas inclasificables, posiblemente aprovechando el microclima y encontrando sustento físico en los troncos de los arbustos, están incluso en mayor porcentaje que almohadillas y rosetas gigantes. Esto puede llevar a la conclusión de que en realidad no se podría hablar de evolución convergente. Pero hay que tener en cuenta que estos parches de matorral se presentan solamente en forma esporádica y en las partes con una pendiente superior a 45° aproximadamente. Por tanto, una evaluación global lleva a concluir que efectivamente las plantas clasificables son las más exitosas tomando en cuenta la cobertura vegetal, y que las herbáceas inclasificables representan una cobertura mínima.

En el gráfico de la figura 10 se presenta una comparación entre el número de especies por forma de vida y las diferentes coberturas de cada forma de vida en las tres asociaciones conspícuas de la hectárea de estudio.

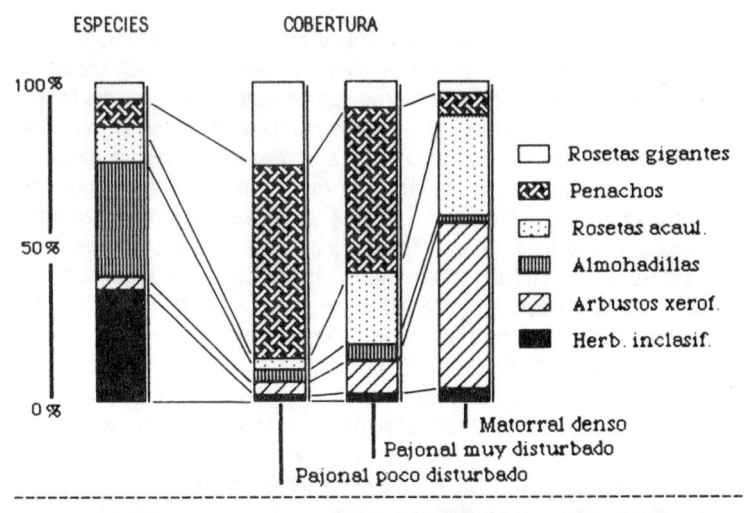

ESPECIES   COBERTURA

100%

50%

0%

Rosetas gigantes
Penachos
Rosetas acaul.
Almohadillas
Arbustos xerof.
Herb. inclasif.

Matorral denso
Pajonal muy disturbado
Pajonal poco disturbado

Fig. 10: Diagramas de barras. El de la izquierda representa el número de especies por forma de vida. Los de la derecha representan la cobertura de las formas de vida en cada asociación conspícua de la hectárea de estudio. Se nota que no hay relación entre el número de especies y la cobertura.

□□□□□□□

ANALISIS ESPECIFICO DE COBERTURA: La cobertura de algunas de las especies más conspícuas en la hectárea de estudio se encuentra en la siguiente tabla:

ESPECIE	POCO DIST.	MUY DIST.	MAT. DENSO
ROSETAS GIGANTES			
Espeletia pycnophylla	2	1	r
Puya cf. *clava-hercules*	1	1	r
FORMADORAS DE PENACHO			
Calamagrostis intermedia	4	3	1
Cortaderia nitida	r	2	+
Carex pichinchensis	1	1	1
Rhynchospora macrochaeta	1	1	1

SIGUE

ROSETAS ACAULESCENTES

Moritzia lindenii	1	2	2
Valeriana adscendens	r	r	+
Hypochoeris sonchoides	r	r	r
Pinguicula calyptrata	r	r	r

ALMOHADILLAS

Werneria humilis	1	1	1
Geranium sibbaldioides	1	1	+
Geranium sp.	1	1	r
Azorella aretioides	r	r	r

ARBUSTOS

Hypericum laricifolium	r	+	2
Valeriana alophis	r	r	3
Baccharis buxifolia	r	+	3
Gynoxis cf. *buxifolia*	r	+	3
Arcytophyllum aristatum	r	r	r
Pernettya prostrata	r	r	r

HERBACEAS INCLASIFICABLES

Cerastium sp.	r	r	r
Elaphoglossum cf. *piloselloides*	r	r	r
Epidendrum frutex	r	r	r
Gunnera magellanica	r	r	r
Halenia weddelliana	r	r	r
Sibthorpia repens	r	r	r
Viola glandulifera	r	r	r

□□□□□□□

En cuanto a la cobertura individual de estas especies se pueden sacar unas conclusiones básicas.

En primer lugar, parece que la impresión visual de que los frailejones sean las especies dominantes no deja de ser más que eso, una impresión visual debida a lo espectacular del paisaje.

En segundo lugar, *Calamagrostis intermedia* es la especie que mayor presencia tiene dentro de la hectárea. Es la única especie que alcanza grado 4 en la escala de Braun-Blanquet en la zona poco disturbada, y en la hectárea en general. Solo unos pocos arbustos como *Valeriana alophis* y algunos de las Asteraceae alcanzan grado 3, y esto en la zona de matorral denso. En las otras zonas, cualquier arbusto tiene representaciones muy bajas, al igual que las rosetas acaulescentes y almohadillas. Entre las primeras solo *Moritzia lindenii* presenta una cobertura apreciable en el pajonal muy disturbado y en el matorral denso.

Y en tercer lugar, ninguna de las herbáceas inclasificables presenta una cobertura notable en alguna de las tres zonas.

5 CONCLUSION

En este trabajo hemos pretendido llevar a cabo una recolección de datos y un análisis de los mismos para encontrar si existe o no un fenómeno de evolución convergente entre los páramos sudamericanos y el Cinturón Afroalpino. Para que exista un fenómeno de esta naturaleza se deben dar tres situaciones.

En primer lugar, los ambientes deben ser similares. El Cinturón Afroalpino y los páramos sudamericanos se encuentran en plena región tropical, y a una altura equivalente, esto es, aproximadamente entre los 3500 y 5000 m. El clima, y en general todo el medio frente al cual las plantas deben enfrentarse, parecen corresponderse cercanamente. La cualidad más notable que estos dos ecosistemas comparten es la de presentar cambios drásticos de temperatura durante cada día, lo que podría llamarse una estacionalidad diaria, en contraste con la estacionalidad anual de otros ambientes. Esta cualidad, junto con otras como baja presión y alta irradiación, han dado forma a floras con adaptaciones muy especiales, y en ciertos casos muy conspícuas.

En segundo lugar, las floras de dos lugares que convergen evolutivamente **no** deben presentar una composición florística muy semejante, es decir, la fisonomía similar de las vegetaciones debe ser más un resultado de la acción de ambientes semejantes que de una identidad filogenética cercana. Entre el páramo y el Cinturón Afroalpino solamente existen tres especies compartidas. Estas especies poseen una amplia distribución mundial, y no presentan adaptaciones conspícuas para estos ambientes. En el nivel genérico, un 12 % de compartición no parece ser un número elevado, especialmente tomando en cuenta la calidad cosmopolita de estos géneros compartidos. A nivel familiar, la relación es mayor, lo que era de esperarse: 31 %. Algunas de estas familias compartidas presentan en sí mismas la característica conspícua de adaptación a estos ambientes, siendo el de Poaceae el caso más notable. En ambos ecosistemas el pajonal está dominado claramente por especies de esta familia.

Y en tercer lugar, las adaptaciones de las plantas en uno y otro lugar deben ser más o menos las mismas. Una manera de descubrir esto es comparar las formas de vida de las plantas. Utilizando el sistema desarrollado por el botánico O. Hedberg para el Cinturón Afroalpino, hemos encontrado que el cuadro de distribución de las plantas de una hectárea representativa de páramo resulta muy similar a lo encontrado por Hedberg en el Africa. Al comparar no solamente la distribución de las plantas en estas formas de vida, sino también la cobertura que tienen éstas en la hectárea de estudio, resulta que las plantas que pueden ser colocadas en las formas de vida de Hedberg representan la mayoría absoluta de cobertura en tres asociaciones conspícuas: pajonal muy disturbado, pajonal poco disturbado y matorral denso en pendientes pronunciadas. La serie de herbáceas inclasificables en las formas de vida de Hedberg representan, al igual de lo que sucede en el Cinturón Afroalpino, una cobertura mínima a pesar de ser relativamente numerosas.

De todo esto podemos sacar la conclusión de que efectivamente existe una evolución convergente entre los páramos sudamericanos y el Cinturón Afroalpino, tomando como ejemplo de los primeros una hectárea representativa del páramo de El Angel. Los dos ambientes son muy parecidos, no existe una relación florística apreciable, las formas de vida de Hedberg sirven perfectamente para agrupar las plantas de esta hectárea y estas plantas clasificables representan claramente la vegetación dominante.

6 ENGLISH SUMMARY

This study was undertaken to gather data for a comparison of the physiognomically similar vegetation types of the South American páramos and the Afroalpine Belt. The comparison was made to determine if there is a convergent evolution between the two vegetations. We defined three criteria for accepting a convergent evolution:

1. The physical environments should be similar
2. The floras should be different
3. The adaptations of the plants should be the same.

The Afroalpine Belt and the páramos are both located in the middle of the tropical zone, and they occur at similar altitudes, approximately between 3500 m and 5000 m elevation. The climates of the two ecosystems are similar. The most conspicuous climatic feature is the diurnal temperature changes. This feature together with others, such as low pressure and high radiation, have caused the vegetations to develop very special and sometimes very conspicuous adaptations.

The Afroapline Belt and the páramos share only three species. These are all very widespread species and none of them belong to the characteristic lifeforms of the vegetations. Of 269 genera 12 % are shared between the two vegetations, and of 72 families 31 % are shared.

The shared genera are mostly cosmopolitan. The grass family, which is one of the shared families is highly dominant in both vegetations. But in general the floras of the two vegetations must be considered different.

Using Hedberg's lifeforms system for the Afroalpine Belt vegetation, the páramo plants of a selected study area of one hectare were easily classified in the same categories as the afroalpine plants. About 33 % of the páramo species did not fall in any of these lifeforms, but this is similar to the situation in Africa. Those species that belong in one of the afroalpine lifeforms accounted for between 97 % and 99 % of the coverage in the vegetation.

From this comparison we conclude that the environment and adaptations of the afroalpine and páramo vegetations are similar, but their floras are different, and the similarity between the two vegetations is due to convergent evolution.

7 LITERATURA CITADA

Balslev, H., L. B. Holm-Nielsen & B. Øllgaard, 1985. Páramoen – Andesbjergenes alpine vegetation – Naturens Verden 10: 364-376.

Braun-Blanquet, J. 1979. Fitosociología – H. Blume Editores. Barcelona.

Cleef, A. M. 1981. The Vegetation of the Páramos of the Colombian Cordillera Central – Diss. Bot. 61. J. Cramer, Vaduz.

Cronquist, A. 1981. An Integrated System of Classification of Flowering Plants – Columbia U. Press, New York.

Hedberg, O. 1952. Altitudinal Zonation of the Vegetation of the East African Mountains – Proc. Linn. Soc. London. 134-136.

Hedberg, O. 1957. Afroalpine Vascular Plants – A Taxonomic Revision – Symb. Bot. Ups. 15.1: 1-411.

Hedberg, O. 1964, a. Etudes Ecologiques de la Flore Afroalpine – Bull. Soc. Roy. Bot. Belgique 97: 5-18.

Hedberg, O. 1964, b. Features of Afroalpine Plant Ecology – Acta Phytogeogr. Suec. 19: 1-144

Hedberg, O. 1969. Growth Rate of the East African Giant Senecios – Nature 222 (5189): 163-164.

Hedberg, O. 1970. Evolution of the Afroalpine Flora – Biotropica 2 (1): 16-23.

Hedberg, I. & O. Hedberg 1979. Tropical-Alpine Life Forms of Vascular Plants – Oikos 33: 297-307.

Holm-Nielsen, L. B. 1984. The Aarhus University Ecuador project (AAU– Ecuador project). *In*: L. B. Holm-Nielsen, B. Øllgaard & U. Molau, 1984. Scandinavian Botanical Research in Ecuador. Reports from the Botanical Institute, University of Aarhus 9: 43-58.

Mena V., P. 1984. Formas de Vida de las Plantas Vasculares del Páramo de El Angel y Comparación con Trabajos Similares realizados en el Cinturón Afroalpino – Tesis previa a la obtención del Título de Licenciado en Ciencias Biológicas. pp. 1-107. Pont. Univ. Católica del Ecuador, Quito.

Raunkiaer, C. 1934. The Life Forms of Plants and Statistical Geography – Clarendon Press, Oxford.

Salgado-Labouriau, M.L. (Ed.) 1979. El Medio Ambiente Páramo. Actas del Seminario de Merida – Ed. Centro. Est. Av.. Caracas.

Tryon, R.M. et A.F. Tryon 1982. Ferns and Allied Plants – Springer Verlag. New York.